LES

MOISSONNEUSES

ET LA

MAIN-D'OEUVRE

SAINT-NICOLAS-DE-PORT. — IMPRIMERIE POLYTECHNIQUE DE E. LACROIX

LES

MOISSONNEUSES

ET LA

MAIN-D'ŒUVRE

PAR ADOLPHE VALLET

DE FRIBOURG (MEURTHE)

> Les pays ne sont pas cultivés en raison de leur
> fertilité, mais en raison de leur liberté.
>
> MONTESQUIEU (*De l'esprit des lois,*
> liv. XVIII, chap. III).

PARIS

LIBRAIRIE SCIENTIFIQUE, INDUSTRIELLE ET AGRICOLE

Eugène LACROIX, Imprimeur-Éditeur

LIBRAIRE DE LA SOCIÉTÉ DES INGÉNIEURS CIVILS

54, RUE DES SAINTS-PÈRES, 54

Imprimerie à Saint-Nicolas-de-Port (Meurthe)

1870

LETTRE A M. PATÉ

PRÉSIDENT DE LA SOCIÉTÉ D'AGRICULTURE DE MORHANGE

MONSIEUR LE PRÉSIDENT,

A l'époque de la moisson dernière, il se produisit chez les agriculteurs une vive préoccupation au sujet du moissonnage mécanique.

Tandis que des agriculteurs considérables continuaient à mettre en doute l'utilité pratique des moissonneuses, d'autres praticiens, non moins considérés, affirmaient qu'on était enfin parvenu à la solution du problème touchant ces machines ; et, de part et d'autre, avec une conviction très-sincère, on a pu s'opposer des arguments sérieux.

En effet, disent les uns : les bras deviennent de plus en plus rares ; le prix de la main-d'œuvre, pour le travail de la moisson, s'élève d'une manière exhorbitante ; nos récoltes sont exposées à se détériorer sur pied, faute d'être moissonnées à temps ; nous avons grand besoin de machines qui nous permettraient d'exécuter nos travaux à meilleur compte, et d'une manière plus rapide. Pourquoi donc, si les moissonneuses réunissent les qualités qu'on leur attribue : travail bien fait, rapide, et à prix modéré, pourquoi ne voit-on pas d'entrepreneurs dans ces conditions, exploiter la supériorité des machines et aller dans les fermes offrir leurs services pour des travaux que l'agriculture se plaint d'exécuter avec tant de difficultés.

Poursuivant leurs observations, les pessimistes ajoutent : nous voyons des batteuses locomobiles aller d'une exploitation à l'autre, offrir leur concours ; nous en voyons qui sont mues par des chevaux ; nous en voyons qui marchent à la vapeur, il y en a de très-simples, il y en a de compliquées, en un mot, l'industrie des batteuses locomobiles est en pleine activité : mais on ne voit pas un seul entrepreneur de moissons. Cependant le besoin des machines à moissonner se fait plus impérieusement sentir que celui des machines à battre locomobiles.

Comme preuve très-significative du doute qui subsiste encore dans les esprits, on peut citer la conduite de l'immense majorité des agriculteurs qui, dans ce pays, après avoir été témoins d'un grand nombre d'essais, ne se sont pas encore décidés à faire l'acquisition d'une de ces machines qu'ils ont vu fonctionner.

A l'encontre de l'opinion des agriculteurs qui ne croient pas les moissonneuses arrivées à une perfection suffisante pour être réellement pratiques, on a vu s'affirmer avec la plus profonde conviction que le problème du moissonnage mécanique est enfin résolu. On a lu, à plusieurs reprises, des correspondances publiées par les journaux dans lesquelles les mérites des moissonneuses étaient exaltés avec enthousiasme.

Entre deux opinions qui se sont manifestées d'une manière aussi différente, s'il m'était permis de porter un jugement, je dirais qu'il y a trop d'exigence d'un côté, et que, de l'autre, il y a beaucoup d'illusions ; je m'explique.

Les moissonneuses, pour fonctionner parfaitement, exigent, selon moi, un sol cultivé à plat, sauf à recourir au drainage pour maintenir les terres suffisamment égouttées. Plus on s'éloigne de la surface plane, plus la coupe des céréales devient difficile, moindre est la quantité de l'ouvrage, et plus nombreuses sont les chances de fracturer quelques organes de la machine. La disposition des terres en billons flanqués de raies d'égouttement, telle qu'elle est habituellement pratiquée, sans être un obstacle absolu, augmente d'autant plus la difficulté de l'opération que l'endos est plus prononcé, et que les raies d'égouttement sont plus profondes.

Comme la plupart des essais dont les cultivateurs du pays ont été témoins, ont été faits sur des terres billonnées, il est arrivé que les machines, au milieu d'un certain nombre de succès, ont fait éprouver plusieurs déceptions. Elles ont médiocrement fonctionné dans certains cas ; et, ce qui est plus grave, elles ont subi quelques fractures.

Dans ces circonstances, les opinions se sont partagées en deux groupes ; des agriculteurs, et c'est le plus grand nombre, intimidés par quelques insuccès, et n'osant modifier la pratique du billonnage qui en a été la principale cause, pensent que le moment d'utiliser les moissonneuses n'est pas encore venu. D'autres praticiens, séduits par les qualités de ces machines quand elles ont fonctionné dans des conditions moins défavorables, se sont fait illusion sur leurs mérites, en attribuant les insuccès à l'inexpérience des conducteurs, plutôt qu'aux conditions défectueuses dans lesquelles on les a fait marcher, et croyant que l'expérience suffirait pour, à l'avenir, opérer avec sécurité un bon travail, ils ont proclamé comme résolu, le problème du moissonnage mécanique.

A mon avis, les premiers témoignent trop d'exigences, en demandant à la mécanique des instruments qui s'adaptent parfaitement à leurs vieilles habitudes de culture. La mécanique leur offre des instruments admirables qui, à la vérité, pour très-bien fonctionner, demandent des améliorations importantes du côté du sol ; mais qui fonctionneraient encore, d'une manière assez satisfaisante, pour peu qu'ils voulussent modifier leurs anciens procédés.

Les seconds me paraissent dans une belle illusion, s'ils pensent que la mécanique leur apporte ses ressources, sans exiger d'eux quelques dispositions préalables, pour la bonne utilisation de ces ressources.

Me sera-t-il permis d'appuyer l'opinion que je viens d'émettre par un exemple personnel ?

Mon exploitation se compose de deux parties, l'une sur le territoire de Fribourg, l'autre sur celui de Vergaville. A Fribourg, j'ai drainé, et je cultive à plat ou à peu près ; la moisson presque en totalité s'y fait à la machine. A l'exception des pistes qu'il faut ouvrir autour de chaque pièce, la faucille ou la faux n'a dans le travail qu'une part très-minime.

A Vergaville, des difficultés de plus d'une sorte ont retardé les améliorations ; je n'y ai pas encore conduit ma moissonneuse qui, cependant, a déjà fait trois petites campagnes à Fribourg, où elle fonctionne très-bien.

La raison de cette abstention n'est pas que je trouve à Vergaville de la main-d'œuvre à petits salaires, car depuis que j'y exploite, je paie de 30 à 40 francs par hectares de céréales coupées et liées. Le motif en est dans la conformation du terrain qui, naturellement humide et insuffisamment drainé, a conservé jusqu'alors la forme billonnée avec raies d'égouttement plus ou moins profondes.

Pour formuler une opinion en quelques mots, je dirai que l'agriculture aura, quand elle voudra, d'excellents instruments de moissonnage, opérant avec économie d'argent et de main-d'œuvre, pourvu qu'elle fasse quelques dispositions en vue de faciliter l'exercice de ces instruments.

D'après ces observations, on peut prévoir que mon opinion n'est pas en faveur du conseil donné dernièrement à la Société, d'acheter des machines pour pratiquer un moissonnage à façon. Je pense qu'il faut laisser ce genre d'entreprise à l'industrie privée qui, bon juge en matière d'intérêts, se mettra en campagne quand elle jugera le moment opportun.

Voulez-vous transporter vos machines chez le premier cultivateur qui s'adressera à la Société, sans avoir fait sur sa terre la moindre disposition pour faciliter le travail ? Entreprendre pareille tâche, c'est s'exposer à plus d'une déception. Comptez-vous sur ceux qui auront soigné leur culture en vue du moissonnage ? Mais ces derniers n'auront guère recours à vous ; car, dans l'état actuel des choses, ils ne font de dispositions qu'en vue d'acquérir eux-mêmes, et pour leur propre compte, une moissonneuse.

Encourager l'agriculture en lui conduisant les moissonneuses jusque dans ses champs, n'est pas ce qui lui importe le plus. Ce qu'elle recherche avant tout, c'est une connaissance précise de ces machines et des conditions dans lesquelles elles doivent fonctionner.

Dans cette situation, ce qui me paraît devoir être le plus utile, c'est l'organisation d'un concours qui permettrait d'étudier dans tous ses détails la question du moissonnage mécanique. Dans une réunion de cette nature, on verrait figurer des constructeurs ou leurs représentants, avec des machines de types variés, dont ils enseigneraient l'usage ; des praticiens déjà exercés apporteraient le contingent de leur expérience, et, du rapprochement de toutes les observations auxquelles donnerait lieu ce concours, il résulterait pour l'agriculture un profit beaucoup plus important que celui que la Société pourrait lui procurer en lui louant le travail de trois ou quatre machines.

Je termine, Monsieur le Président, ces observations déjà trop longues, en vous priant d'agréer l'expression de ma parfaite considération.

AD. VALLET.

Fribourg, ce 12 janvier 1870.

LES MOISSONNEUSES

ET LA MAIN-D'ŒUVRE

Observations présentées au Cercle agricole
de Dieuze.

Présents au Bureau :

MM. De Gaïta, chevalier de la Légion d'honneur, Président ;
Pargon, chevalier de la Légion d'honneur, lauréat de
la prime d'honneur, Vice-Président ;
Buquet, directeur de la saline, Secrétaire ;
Mangenot, vétérinaire, Trésorier ;
Paté, président de la Société d'agriculture de
Morhange.

Le Cercle agricole de Dieuze, pour sa réunion du sept
mars dernier, avait mis à l'ordre du jour la discussion sur
les machines à moissonner.

Dans cette séance, j'ai soumis au jugement de mes col-
lègues, un tableau résumant la somme de main-d'œuvre
dépensée par hectare, suivant l'état de la récolte, et suivant le procédé de moissonnage adopté.

Le Cercle ayant bien voulu approuver mon projet de

confier à la presse, en les développant, les idées que j'ai exposées devant lui, je viens aujourd'hui, encouragé par cette approbation, remplir la tâche que je me suis imposée, limitant mon étude à celle de la main-d'œuvre appliquée à la moisson, et à l'examen des résultats financiers fournis par l'application des machines, deux questions qui se tiennent d'une manière trop intime pour être traitées séparément.

Je ne suis pas un grand exploitant ; je ne fais même valoir qu'une superficie de terrain assez restreinte (trente-sept hectares) ; mais il m'a été permis de voir fonctionner quelques moissonneuses ; moi-même, depuis 1867, j'en possède une qui, sur ma propriété de Fribourg, a modestement fait trois petites campagnes. C'est sur ces titres que je m'appuie, pour apporter ici le contingent de quelques-unes de mes observations, en priant mes lecteurs de vouloir bien m'excuser, en raison de ma bonne volonté, si mon travail ne réunit pas toutes les qualités qu'on pourrait lui souhaiter.

Avant d'aller plus loin, je me permettrai de rappeler un fait qui, si minime qu'en soit l'importance, peut cependant trouver à cette place une mention, à cause de son originalité, et parce que plusieurs des membres du Cercle en ont été témoins ; je veux parler de la réunion qui eut lieu le 27 juillet dernier à Fribourg.

Ce jour là, quelques amis, Messieurs Pierron, de Donnelay, L'huilier, Dieudonné et moi, de Fribourg, nous nous sommes réunis sur ma propriété, avec nos moissonneuses à javelage à bras, pour fêter l'ouverture de la troisième moisson, depuis l'application pratique de ces machines dans notre contrée.

Quoique la réunion ne fut ni publiée, ni publique, la

curiosité y attira cependant un bon nombre d'agriculteurs, qui ont pu se faire une idée du travail mécanique de la moisson, au moyen d'instruments qui, à la vérité, n'ont pas le prestige des machines à javelage automatique, mais qui néanmoins sont appelés à rendre de très-grands services à l'agriculture.

Après cette digression, je reviens à mon sujet.

Afin qu'il n'y ait point de confusion entre nous, quelques explications préalables sont nécessaires.

La plupart de ceux qui ont essayé de supputer le temps exigé pour les divers travaux de la campagne, ont compté ce temps un nombre de journées, ou fractions de journées, sans faire connaître d'une manière précise la durée du travail journalier dont ils entendaient parler. La journée de travail, en effet, peut être de huit, de dix, de douze heures. Pour éviter toute méprise d'abord, et ensuite pour faciliter les estimations, je compte le travail, prenant l'heure pour l'unité, au terme de comparaison, en additionnant le nombre d'heures fournies par chacun des ouvriers employés à un même ouvrage. Si, par exemple, on fauche un hectare en deux heures et demie, comme il faut deux hommes à la machine, l'un pour conduire l'attelage, et l'autre pour manier le râteau javeleur, je dirai que la coupe absorbe cinq heures de main-d'œuvre, puisqu'elle est effectuée par deux hommes travaillant chacun pendant deux heures et demie. Je dirai de même, en faisant la somme de main-d'œuvre absorbée par la moisson d'un hectare, qu'il a été dépensé, en telle ou telle circonstance, vingt-cinq, trente, ou quarante heures, réunissant en une seule somme le travail absorbé pour les diverses opérations du moissonnage, coupe, javelage, confection de gerbes, et mise en treizeaux de ces dernières.

Une autre observation que j'ai encore à faire, c'est qu'il n'est pas suffisant de faire connaître la superficie qu'un ouvrier peut moissonner dans un certain temps, sans indiquer du même coup quel est l'état de la récolte. Celle-ci est-elle de cinq cents ou de huit cents gerbes à l'hectare ; la céréale est-elle droite, ou versée, ou simplement inclinée par le vent, les conditions du travail sont changées ; suivant ces différents états, différent aussi est le temps nécessaire pour moissonner.

Quand je parlerai d'une céréale ordinaire, j'entendrai parler d'une céréale, donnant à l'hectare, approximativement, cinq cents gerbes de dix kilogrammes chacune, et qui se trouve à peu près droite. C'est sur la récolte de ce produit que s'établira en grande partie ma discussion.

Enfin, je prierai mes lecteurs de ne pas considérer comme offrant une précision toute mathématique, les chiffres que je vais leur présenter. Dans ce travail, en effet, j'ai plutôt en vue de comparer, avec autant d'exactitude que possible, sous le rapport de la main-d'œuvre qu'ils exigent, différents procédés de moissonnage, que d'établir rigoureusement la somme de cette main-d'œuvre que chacun d'eux réclame.

Machines à javelage à bras.

Dans les machines à javelage à bras, telles qu'elles ont figuré à Fribourg, il y a deux systèmes à considérer. Dans l'un, la machine dépose les javelles par derrière, sur la piste même que l'attelage doit suivre pour recommencer un nouveau trait de scie, quand il aura achevé le tour de la pièce.

Dans l'autre système, les javelles glissent en arrière et

sur le côté, de manière à laisser libre, au tour suivant, un passage pour un cheval, ou deux chevaux, marchant l'un devant l'autre.

Machine javelant en arrière.

Examinons d'abord le premier procédé, en supposant qu'on ait à recolter un blé ordinaire de cinq cents gerbes à l'hectare, et à peu près droit.

Dans ce cas, la machine fait le tour de la pièce en fauchant sur le pourtour, ou au moins, sur deux côtés, en allant et en revenant. Si elle est conduite par deux hommes exercés, et sur un terrain convenablement cultivé, elle peut débiter un hectare en deux heures et demie. Comme elle nécessite le concours de deux hommes, ce sont donc cinq heures de travail humain qui sont absorbées par la coupe d'un hectare. En d'autres termes, la machine peut couper quarante ares dans une heure, avec deux heures de main-d'œuvre ; ou bien encore, en trente minutes, elle peut couper vingt ares avec une heure de main-d'œuvre.

En établissant ces chiffres, je ne prétends pas fixer une limite à la rapidité du travail ; car je suis persuadé que des ouvriers très-habiles, avec de bons attelages, dans un chantier bien organisé et sur un terrain convenable, pourraient expédier une quantité d'ouvrage plus grande que celle que je viens de déterminer.

A l'inverse, des ouvriers encore novices, mal organisés en chantier, et sur un terrain à surface inégale, comme celle qui résulte de la culture en billons, ne parviendront pas à faucher un hectare en deux heures et demie.

Arrivons au javelage.

Comme les céréales sont déposées en arrière de la machine, il faut un personnel prêt à les enlever au fur et à mesure qu'elles sont débitées afin de rendre la piste libre pour le tour suivant.

Ici, il y a deux modes d'opérer : ou bien les javelles sont simplement détournées et placées sur les éteules à quelque distance de la céréale encore sur pied, le propriétaire se réservant de les mettre plus tard en gerbes, lorsqu'il jugera que le moment opportun est venu pour cette opération ; ou bien les ouvriers détournent les javelles, en les posant immédiatement sur des liens, pour les confectionner en gerbes.

Lorsqu'on fauche le matin, avant que la rosée ait disparu, et lorsqu'il y a en même temps, beaucoup d'herbes mêlées à la céréale, il faut suivre le premier mode, et abandonner au moins pendant quelques heures les javelles sur le champ, jusqu'à ce qu'elles soient assez ressuyées pour être mises en gerbes.

Cette opération, qui consiste à détourner à bras les javelles sur le côté de la piste nouvelle, absorbe à peu près deux heures et demie d'un ouvrier par centaine de gerbes à confectionner. Si, par exemple, un hectare porte une céréale assez abondante pour donner un produit de cinq cents gerbes, le déplacement des javelles nécessitera l'emploi de cinq ouvriers travaillant pendant deux heures et demie chacun, c'est-à-dire que ce travail de javelage absorbera en définitive l'équivalent de douze à treize heures d'un ouvrier. Admettons treize heures en nombre exact.

Dans une céréale ordinaire, comme on le voit, l'opération de la coupe et du déplacement des javelles, absorbe en totalité par hectare, dix-huit heures de travail, réparties entre sept ouvriers, dont deux à la machine et cinq occupés au javelage.

Si nous poursuivons notre étude jusqu'à l'achèvement complet de la moisson d'un hectare, c'est-à-dire jusqu'à la confection des gerbes et leur mise en trézeaux, nous arrivons à estimer le temps nécessaire pour effectuer ces deux dernières opérations ; je ne crois pas me tromper beaucoup, en avançant que ces deux opérations exigeraient à très-peu près le même temps que si la céréale eût été coupée à la faucille ou à la faux ; et comme j'estime qu'elles absorbent dans ces deux derniers cas, une somme de travail de vingt-deux heures, je pense qu'elles absorberont aussi le même temps, lorsque la coupe aura été opérée à la machine.

Il faudra donc cinq ouvriers pendant quatre heures et demie pour lier et mettre en trézeaux, cinq cents gerbes, formant le produit d'un hectare d'une céréale ordinaire. C'est quatre heures et demie environ de travail par centaine de gerbes.

En ajoutant cette nouvelle somme de vingt-deux heures à celle de dix-huit, précédemment exigée pour la coupe et le déplacement des javelles, on trouve que le moissonnage complet d'un hectare dans les circonstances ordinaires, absorbe un total de quarante heures de travail humain, avec la machine à javelage en arrière, et lorsqu'on ne dispose pas immédiatement les céréales en gerbes ou si l'on exprime la durée du travail en journées de dix heures, on trouve que la récolte absorbe quatre journées d'un ouvrier fournissant un travail ainsi réparti :

Coupe.	5 heures
Détournement des javelles. .	13
Mise en gerbes et en trézeaux	22
Total.	40

Examinons maintenant le cas où les céréales sont immédiatement transportées sur liens, au fur et à mesure que la machine les dépose sur le sol.

Comme dans le cas précédent, la coupe peut être effectuée en deux heures et demie, avec deux hommes, ce qui porte encore à un total de cinq heures le travail absorbé pour cette coupe.

La levée des javelles, à cause de l'obligation de placer celles-ci sur des liens préalablement disposés, au lieu de les déposer simplement en un point quelconque en dehors de la piste à ouvrir, exige un peu plus de temps que dans le premier procédé. J'estime que dans cette circonstance, le travail des ouvriers javeleurs est augmenté d'un cinquième, d'où je conclus que cette levée de javelles, au lieu de deux heures et demie, absorbera trois heures de travail d'un homme par centaine de gerbes à confectionner. Cela fait donc, pour un hectare à cinq cents gerbes, une somme de quinze heures employées au javelage ; d'où la nécessité d'employer six javeleurs, pour produire ces quinzes heures de travail, si l'on veut expédier un hectare en deux heures et demie.

On voit tout de suite, ici, que les deux premières opérations, celle de la coupe et celle de la levée des céréales, absorbent ensemble vingt heures de travail ; mais ce qu'il est très-important de remarquer, c'est qu'à la suite de ces opérations, les céréales se trouvent sur les liens qui doivent les serrer, et que par ce fait la confection des gerbes est opérée en partie, et que sitôt la coupe terminée, il ne reste plus qu'à serrer les liens et mettre en trézeaux.

Cette besogne s'exécute ordinairement lorsque la coupe d'une pièce est terminée, ou bien entre deux attelées de fauchage. Elle exige environ huit heures de travail, soit quatre ouvriers pendant deux heures.

En résumant les considérations que nous venons de faire, on trouve que le moissonnage complet d'un hectare avec une machine à javelage en arrière, et si l'on confectionne les gerbes aussitôt après la coupe, absorbe un total de vingt-huit heures de main-d'œuvre ainsi réparties :

Coupe	5 heures
Javelage	15
Liage et mise en trézeaux . .	8
Total	28 heures.

Si l'on exprime la durée de ce travail en journées de dix heures, on voit qu'il faut un peu moins de trois journées d'ouvrier.

Après avoir recherché quelle est la quantité de travail dépensée pour faire la moisson d'une récolte ordinaire de cinq cents gerbes à l'hectare, je me propose maintenant d'examiner quelle est, dans les mêmes circonstances, la somme de main-d'œuvre employée suivant chacun des anciens procédés de moissonnage, afin qu'on puisse se faire une idée, au moins approximative, de l'économie apportée sous ce rapport, par les machines dont nous nous occupons.

Commençons par le vieux procédé de la faucille.

D'après mon observation, je crois pouvoir fixer à peu près le travail d'un moissonneur, possédant une force et une habileté ordinaires, à un are par heure. Je ne contesterai pas que des ouvriers vigoureux puissent dépasser notablement cette quantité. Je ne contesterai pas non plus que des ouvriers ordinaires puissent la dépasser, en s'imposant momentanément une suractivité qu'ils ne pourraient soutenir longtemps. Je concéderai même que des ouvriers médiocres puissent couper à la faucille plus d'un are à l'heure, mais alors le travail perdra en qualité ce qu'il gagne en quantité.

Un are à l'heure ; c'est je crois la tâche que peut s'imposer un bon ouvrier ordinaire, travaillant régulièrement et sans fatigue excessive, de manière à pouvoir soutenir l'ouvrage, non-seulement pendant quelques heures, mais une journée entière, et cela tous les jours, jusqu'à la fin de la moisson.

A ce compte que je viens d'établir, il faut donc une centaine d'heures de travail pour abattre seulement la céréale d'un hectare ; reste maintenant à confectionner les gerbes et à les disposer en trézeaux.

Comme je l'ai précédemment exposé, j'estime que ces deux dernières opérations absorbent ensemble vingt-deux heures. En additionnant celles-ci avec celles qui ont été absorbées pour la coupe, on trouve un total de cent vingt-deux heures, pour exprimer le temps nécessaire au moissonnage complet d'un hectare de céréale ordinaire, coupée à la faucille.

Comparons maintenant les résultats fournis par ce dernier instrument, avec ceux que donne la machine.

Celle-ci, comme nous l'avons indiqué, absorbe une quantité de travail de quarante heures d'un ouvrier, lorsque la levée des javelles et leur mise en gerbes constituent deux opérations distinctes ; et seulement vingt-huit heures, lorsqu'on pose les javelles sur les liens en même temps qu'on les détourne.

Si la comparaison est faite suivant le rapport géométrique, on voit que, dans le premier cas, la moisson à la

faucille absorbe trois fois autant de main-d'œuvre que celle qui est effectuée à la machine, et que dans le second cas, la première en absorbe quatre fois autant que la seconde.

En prenant le rapport arithmétique, on trouve que pour le moissonnage complet d'un hectare de céréale ordinaire, la différence de main-d'œuvre entre le procédé primitif de la faucille, et les procédés nouveaux à la machine que nous venons de signaler, est de quatre-vingt-deux heures ou environ huit journées dans le premier cas, et de quatre-vingt-quatorze heures, ou un peu plus de neuf journées, dans le second.

Il est inutile de faire remarquer ici que l'économie de main-d'œuvre réalisée porte plus particulièrement sur l'abattage des céréales que sur la confection des gerbes et leur mise en trézeaux, opérations qui, à la rigueur, pourraient être considérées à part, et indépendamment du travail de la machine.

Essayons maintenant pour la faux une comparaison analogue à celle que nous venons de faire pour la faucille.

Un faucheur, bon ordinaire, suivi d'un aide pour constituer en javelles mises de côté l'audain formé par la faux, peut abattre environ quatre ares par heure ; et comme cette coupe de quatre ares exige l'emploi de deux personnes pendant une heure, le travail se réduit à une coupe de deux ares par personne et par heure.

Ici encore, je ne contesterai pas que cette quantité de travail puisse être dépassée ; mais je rappellerai en même temps, les réserves que j'ai faites précédemment, en indiquant la quantité d'ouvrage qu'un ouvrier peut produire avec la faucille, en n'y ajoutant qu'une observation. Un homme de force ordinaire embrasse dans son coup de faux une largeur de 1^m,80. Il peut embrasser 2^m,50, même plus encore, et fournir un débit très-considérable ; mais, dans ce cas, il est fort à craindre encore que la quantité ne soit obtenue qu'aux dépens de la qualité ; et que les avantages obtenus d'un côté ne compensent pas les désavantages qui résultent de l'autre.

Pour la faux, il se présente deux cas ; comme pour la machine, ou bien l'aide déplace simplement les javelles au fur et à mesure qu'il les forme, pour laisser à nouveau le passage libre au faucheur ; ou bien il détourne ces javelles, en les plaçant immédiatement sur des liens étendus d'avance sur le côté, commençant ainsi la confection des gerbes, en même temps qu'il dégage la voie du faucheur.

Lorsque les céréales, pour une raison quelconque, soit à cause de l'humidité, soit parce que le propriétaire les veut laisser quelque temps sur les éteules avant de les serrer, ne sont pas mises immédiatement sur liens, mais seulement détournées, l'abattage et la formation des javelles exigent donc une heure de travail d'une personne par superficie de deux ares exploités. Cela correspond à une somme de cinquante heures de travail par hectare, indépendamment de ce qui reste à faire pour conpléter la moisson, savoir : confectionner les gerbes et les mettre en trézeaux.

Pour être effectuées, ces deux dernières opérations exigent à peu près le même temps que si les céréales eussent été coupées à la faucille, quand on a affaire à des ouvriers consciencieux ; mais si les moissonneurs, plus avides de gagner que de bien faire, précipitent leur besogne, alors les conditions sont changées, et le temps nécessaire pour mettre en gerbes après la faux peut varier dans des limites assez étendues. En limitant à quatre ares par heure le travail d'un faucheur ordinaire, secondé par un aide, je suppose que l'ouvrage sera bien conditionné, et, dans ce cas, le reste de la moisson absorbera à peu près le même temps que celui que j'ai déterminé plus haut, en parlant du moissonnage à la faucille, c'est-à-dire vingt-deux heures par hectare. Ajoutant ces vingt-deux heures aux cinquante qui ont été précédemment consommées par l'abattage, on arrive au total de soixante-douze heures pour exprimer la somme de travail nécessaire pour effectuer l'opération complète de la moisson sur un hectare de céréale ordinaire.

Si l'on compare le travail à la faux dans les conditions précédentes, avec celui qui est fourni par la machine d'une manière analogue, c'est-à-dire lorsque les céréales ne sont pas immédiatement serrées en gerbes, selon le rapport géométrique de soixante-douze à quarante, on trouve que le moissonnage à la faux absorbe une fois trois quart environ la quantité de main-d'œuvre nécessaire dans le cas où l'on emploie la machine.

Si l'on prend le rapport arithmétique entre soixante-douze et quarante, on a une différence de trente-deux heures, ou un peu plus de trois journées, entre les quantités de travail absorbées dans l'un et l'autre cas.

Examinons maintenant la circonstance où les ouvriers chargés de l'abattage à la faux confectionnant en même temps les gerbes, en plaçant les javelles sur liens, immédiatement après la coupe.

Nous avons vu qu'il y a une différence de douze heures de travail dans la moisson d'un hectare coupé à la machine, selon que le détournement des javelles et leur mise sur liens sc fait séparément, ou du même coup. J'estime qu'il y a la même différence entre les deux procédés de la faux , c'est-à-dire qu'au lieu de soixante-douze heures nécessaires, comme nous l'avons établi dans le cas précédent, il n'en faut que soixante, ou six journées de moissonneur, pour faucher, mettre en gerbes et en trézeaux la céréale d'un hectare de force ordinaire, lorsque les ouvriers, si les circonstances le permettent, confectionnent les gerbes immédiatement après le coup de faux.

En établissant la comparaison entre ce dernier mode de procéder à la faux et le mode de procéder à la machine, on trouve, si l'on prend le rapport géométrique des nombres soixante et vingt-huit, exprimant le travail exigé dans chacun de ces deux cas pour moissonner un hectare, on trouve, dis-je, que la faux absorbe au moins deux fois autant de main-d'œuvre que la machine.

Le rapport arithmétique de ces mêmes nombres , soixante et vingt-huit, donne encore entre les deux systèmes, une différence de trente-deux heures, ou un peu plus de trois journées de dix heures au profit de la machine.

Si l'on s'arrête un instant à considérer les résultats des comparaisons que je viens d'établir entre les deux procédés de la faux et les procédés analogues de la machine, on voit que celle-ci réalise sur la première, qui, des anciens instruments, est le plus expéditif, une économie qu'on peut fixer en nombre rond à trente heures ou à trois journées d'un ouvrier travaillant chaque jour pendant dix heures.

Il est inutile de rappeler que cette supériorité de la machine que nous constatons vis-à-vis de la faux, est plus grande encore vis-à-vis de la faucille.

Une économie de trois journées de travail par hectare, est-ce là un résultat d'une importance médiocre ?

Supposons que, dans une commune rurale, cinq cents hectares de céréales ordinaires puissent être fauchés par des machines semblables à celle de Fribourg ; voilà une économie de quinze cents journées réalisée dans l'intervalle d'une trentaine de jours, temps que dure la moisson. Quinze cents journées de travail économisées en trente jours, c'est cinquante journées par jour de moisson ; c'est comme si dans la commune rurale dont nous parlons, il y avait cinquante ouvriers de plus.

Les machines ont encore sur la faux un autre avantage sérieux relativement à la main-d'œuvre.

Pour faucher, il faut un homme possédant une force musculaire qui n'est pas donnée au plus grand nombre des ouvriers ruraux ; il suit de là que dans nos campagnes, il est des personnes qui sont obligées de travailler à la faucille, parce qu'elles ne peuvent s'associer à un faucheur. S'il y a, par exemple, dans une ferme dix ouvriers et si dans ce nombre le fermier n'a que deux faucheurs suivis chacun d'un aide releveur, il est clair que les six autres restants seront obligés de renoncer au travail de la faux et de recourir au procédé le plus lent, mais aussi le plus à la portée de tout le monde.

Avec la machine, deux hommes de la force la plus ordinaire, l'un pour conduire l'attelage et l'autre pour manœuvrer le râteau à main, peuvent produire le travail de dix faucheurs. Voilà donc les ouvriers spéciaux pour l'abattage, ceux dont l'agriculture a le plus besoin, les voilà, dis-je, largement suppléés.

A ce sujet, je ne puis passer sous silence un reproche adressé aux machines dont nous nous occupons, mais qui n'est vraiment pas sérieux, le voici : la machine débite beaucoup d'ouvrage, il faut trop de monde pour ramasser les javelles.

Je demande à ceux qui portent ce jugement ou seraient tentés de le porter, si, alors qu'ils se plaignent de la rareté des bras, il ne s'estimeraient pas heureux d'avoir, à l'époque de la moisson, deux hommes capables de faucher à eux deux autant que dix de leurs semblables. C'est cependant ce résultat que réalisent deux ouvriers avec une machine. Travaillant à la faux, ces deux ouvriers abattraient chacun quatre ares de céréales ou huit ares pour eux deux dans un intervalle d'une heure ; avec la machine ils en abattront quarante. Est-ce de cette abondance de travail qu'on se plaint ?

Trouve-t-on que le javelage est trop onéreux ? Mais à chaque faucheur il faut un aide pour le suivre et disposer les céréales en javelles en les détournant. A dix faucheurs il faut dix aides releveurs. Derrière la machine qui, non-seulement fait le travail de dix hommes mais encore dépose les céréales en javelles formées, cinq javeleurs seulement suffisent dans les cas ordinaires pour les détourner ou les lever.

'Reproche-t-on à la machine d'obliger le chef d'exploitation à concentrer sur le même champ un personnel plus ou moins nombreux, au lieu de l'avoir dispersé sur trois ou quatre points différents ? Mais cette concentration me paraît plus avantageuse pour la qualité du travail que gênante dans la pratique. Un chef d'exploitation qui a plusieurs chantiers disséminés et éloignés les uns des autres, ne peut les surveiller aussi facilement que s'il les a tous réunis en un seul endroit, et il ne sait que trop ce qu'il en coûte de ne pouvoir suivre parfaitement des travaux qui s'exécutent d'une manière isolée. La machine en l'obligeant à concentrer sur un champ tout ou partie de ses forces, lui permet par là même d'en mieux surveiller l'emploi.

Il est une circonstance où les faucheuses mécaniques triomphent d'une manière remarquable sur les anciens instruments, pour l'économie de la main-d'œuvre, c'est lorsque les céréales sont fortes et versées, à moins que la verse soit extrêmement forte, cas dans lequel le plus grand malheur du propriétaire serait, non de manquer de bras, mais d'avoir une récolte gâtée.

Dans le cas de verse, en effet, la faux n'est guère avantageuse pour le service du moissonnage, et si les ouvriers, pour hâter la besogne et accroître leur salaire, persistent à l'employer, outre qu'ils font un ouvrage malpropre, ils secouent notablement la céréale, d'où une perte de grain plus ou moins considérable, qui détermine les propriétaires à moissonner les champs versés à la faucille de préférence à la faux.

L'économie de main-d'œuvre doit donc être estimée par la comparaison entre le travail de la machine et celui de la faucille qui, dans les récoltes ordinaires, absorbe un temps déjà considérable, et qui, dans celles qui sont fortes et versées, marche avec une lenteur désespérante, tant à cause de l'abondance des tiges à couper, qu'à cause de l'état dans lequel elles se trouvent, tandis que les moissonneuses simples triomphent de presque toutes les difficultés de la verse avec une immense supériorité de vitesse. Nous reviendrons plus loin sur ce sujet, mais auparavant, pour plus de clarté, il faut étudier la moisson d'une récolte forte et droite ; nous examinerons ensuite le cas de verse simple ; puis celui de verse en différents sens.

Supposons une récolte de huit cents gerbes à l'hectare.

Si la céréale est droite, la machine la pourra faucher dans le même temps qu'une céréale ordinaire, c'est-à-dire en deux heures et demie, et en faisant le tour de la pièce. La différence principale pour la main-d'œuvre consommée par la coupe, consistera en un peu plus de fatigue pour le moissonneur monté sur le siége, parce qu'il aura à façonner dans le même temps un plus grand nombre de javelles, et qu'il lui faudra pour cette raison, manœuvrer plus lestement son râteau. Quant aux autres opérations, javelage, mise en gerbes et en trézeaux, chacune d'elles exige, par cent gerbes, à peu près le même travail que celui que nécessite une récolte ordinaire, ce qui revient à dire que le travail est proportionné au nombre de gerbes fournies par un hectare.

D'après ces considérations, on devine combien de temps sera absorbé, suivant le mode d'opération, par le travail des javelles. Si l'on opère en détournant simplement celles-ci, il faudra, comme dans le cas ordinaire, deux heures et demie par cent gerbes, ce qui fait en tout, pour un hectare qui en fournit huit cents, une somme de travail de vingt heures.

Si le propriétaire de la récolte ne dispose, dans cette circonstance, que de cinq javeleurs, comme nous l'avons supposé dans le cas d'une céréale ordinaire, ces cinq javeleurs, pour exécuter ensemble un travail de vingt heures, seront occupés ensemble pendant la durée de quatre heures.

On voit tout de suite que la machine, qui n'a pas besoin d'un aussi long temps pour remplir sa tâche, va être obligée de chômer, à chaque tour de la pièce qu'elle fera parce que les cinq javeleurs ne parviendront pas à détourner ou enlever les céréales au fur et à mesure que la machine les débitera. Alors, au lieu de fournir deux heures et demie chacun, les deux conducteurs de la machine en donneront chacun quatre, ou bien huit heures en totalité par hectare ; il y aura donc de ce côté une perte de trois heures par suite de l'insuffisance des javeleurs.

Pour fournir les vingt heures de travail dans la durée de deux heures et demie, et éviter la perte que nous avons signalée, il faudrait huit ouvriers, car huit personnes occupées pendant deux heures et demie, fourniront vingt heures de travail.

Si cette dernière condition est réalisée, si l'on dispose de huit personnes, pour effectuer le javelage au moment de la coupe, cette dernière pourra donc être terminée en deux heures et demie avec le concours de dix ouvriers, dont deux à la machine, et huit employés au détournement des produits fauchés. Voilà un total de vingt-cinq heures de main-d'œuvre consommée pour l'abattage seulement de la céréale, celle-ci restant disposée en javelles sur les éteules.

Ce n'est pas tout.

Pour achever complétement la moisson, il faut encore façonner les gerbes et les disposer telles qu'elles doivent l'être, en attendant le moment de les emmagasiner.

Comme nous l'avons vu plus haut, ces dernières opérations de travail demandent environ quatre heures et demie de travail par centaine de gerbes ; c'est donc une somme de trente-six heures qu'il faut pour confectionner et mettre en trézeaux les huit cents gerbes en question.

En additionnant les vingt-cinq heures exigées par la coupe, avec les trente-six qui sont consommées par la manutention des gerbes, on arrive au total de soixante-une heures, ou un peu plus de six journées, pour exprimer le travail employé à la moisson complète d'un hectare fournissant huit cents gerbes de céréales non couchées.

En entendant parler de réunir dix ouvriers sur le même champ, des praticiens s'effrayeront peut-être des exigences de la machine. Il n'y a cependant pas de quoi s'inquiéter ; car si l'on ne dispose pas des huit javeleurs qui sont demandés pour suivre la machine ; si l'on n'en a que cinq, par exemple, le fauchage, comme nous l'avons vu précédemment, au lieu d'être opéré avec cinq heures de travail, ne le sera qu'avec huit, à cause des retards occasionnés à la moissonneuse, ce qui n'entraine qu'une perte de trois heures réparties entre les deux hommes travaillant à la coupe. Alors, la moisson, au lieu de soixante-une heures en exige soixante-quatre.

Ce dernier chiffre présente encore un notable avantage sur celui qui serait exigé dans l'emploi de la faux ; car, si une récolte plus abondante nécessite plus de main-d'œuvre, dans le cas de moissonnage à la machine, cette même récolte nécessiterait une augmentation analogue dans le cas de moissonnage à la faux. Avec cette dernière, en effet, ce n'est plus le chiffre de soixante-douze heures, mais un chiffre supérieur qu'il faudrait prendre, pour exprimer la somme de main-d'œuvre dépensée dans une céréale plus forte qu'à l'ordinaire, et lorsqu'on ne façonne pas les gerbes immédiatement après la coupe.

En supposant toujours le même cas d'un produit de huit cents gerbes à l'hectare, si au lieu de détourner simplement les javelles, on les place tout de suite sur des liens, au fur et à mesure qu'on les lève, pour les façonner en gerbes, des considérations analogues à celles que nous avons déjà faites sont applicables pour déterminer la somme de travail nécessaire dans chacune des opérations pratiquées pour récolter ce produit.

La coupe pourra s'effectuer dans le même temps, c'est-à-dire deux heures et demie, comme si l'on avait affaire à une céréale ordinaire ; mais toutes les autres opérations seront augmentées à peu près proportionnellement au nombre des gerbes à confectionner.

Ainsi, comme dans le cas ordinaire, le cent de gerbes, préparé par la pose des céréales sur des liens étendus d'avance, absorbera trois heures d'un ouvrier ; huit cents gerbes en absorberont vingt-quatre. Si l'on ne dispose que de cinq javeleurs, il faudra une durée de travail de près cinq heures (admettons ce chiffre), pour produire les vingt-quatre ou vingt-cinq qui sont nécessaires pour cette manutention des javelles. La machine, alors obligée d'attendre à chaque tour le dégagement de la piste, chômera donc presque moitié du temps, les deux faucheurs qui la conduisent perdant chacun deux heures et demie, ce qui fera pour eux deux une perte totale de cinq heures.

Si le chef d'exploitation dispose de huit javeleurs ; ceux-ci pourront exécuter la tâche en question dans une durée de trois heures, la machine ne subissant ainsi qu'un retard d'une demi-heure, qui ne cause plus, dès lors, qu'une perte insignifiante, dont bénéficieront les conducteurs de la machine et l'attelage, puisqu'il leur sera permis de faire quelques arrêts et de prendre quelques instants de repos.

En admettant que le chantier de moissonnage soit ainsi composé de dix ouvriers, savoir : deux à la machine, et huit javeleurs, l'hectare sera fauché et les céréales mises sur liens dans un intervalle de trois heures, ce qui donne un travail total de trente heures, ou de trois journées d'un ouvrier, pour cette première partie de la moisson.

Je dois signaler ici M. Pierron, comme étant arrivé, de son côté, presque exactement aux mêmes chiffres que ceux que je viens de citer, dans un cas à peu près semblable à celui qui nous occupe. Dans un intervalle de quatre heures et demie, avec huit javeleurs, il a mis sur liens un hectare soixante ares de blé, estimé à raison de sept cent cinquante gerbes à l'hectare.

Si, après les considérations qui précèdent, on tient compte des opérations suivantes, serrage des gerbes et leur mise en trézeaux, opérations pour lesquelles il faut onze heures d'un ouvrier, on trouve que le moissonnage complet de l'hectare, absorbe quarante-une heure, ou un peu plus de quatre journées, lorsque les céréales, non versées, sont dans la proportion de huit cents gerbes à l'hectare, et lorsque celles-ci sont façonnées immédiatement derrière la moissonneuse.

Je renouvelle encore ici une observation déjà faite ; c'est que si les javeleurs sont en nombre insuffisant, il y a une perte de temps pour les deux hommes chargés de la coupe, parce qu'ils sont obligés, avec leur machine, d'attendre l'ouverture de la piste à chaque fois qu'ils ont fait le tour de la pièce.

Le cultivateur serait bien malheureux, s'il ne trouvait pas au moins cinq ou six ouvriers pour le seconder. S'il ne les trouvait pas, je me demande comment, sans machine, il parviendrait à faire sa moisson. Eh bien, avec le concours de cinq ou six personnes, il pourra toujours moissonner mécaniquement avec plus d'avantages qu'à l'aide des anciens procédés les plus expéditifs : car, si l'insuffisance des javeleurs retarde la coupe, cette insuffisance ne fera jamais perdre, par hectare, qu'un petit nombre d'heures aux ouvriers chargés de cette coupe. Il y a bien là une perte réelle ; mais qui est loin encore d'annuler les avantages que la moissonneuse possède, comme rapidité de travail.

Arrivons maintenant au cas d'une céréale forte de huit cents gerbes, versées simplement, c'est-à--dire d'un seul côté, comme cela arrive fréquemment dans les fortes récoltes, sous l'influence des vents dominants qui précèdent la moisson.

Ici, la machine doit prendre la céréale à rebours, autant que possible, faucher d'un seul côté, en allant, et revenir à vide.

On voit tout de suite, qu'il est employé le double du temps qui est nécessaire dans les céréales droites, et qu'on mettra cinq heures pour faucher une céréale qui eût pu être fauchée en deux heures et demie, si elle n'eût été versée. La moisson d'un hectare se trouve ainsi surchargée de l'emploi de deux hommes, pendant deux heures et demie, soit cinq heures d'un ouvrier : ce qui porte à dix heures, au lieu de cinq, la somme de travail dépensée pour la coupe de la moissonneuse.

La levée des javelles est aussi plus longue dans le cas de verse ; en voici la principale raison : La confection en est plus difficile pour l'homme qui occupe le siége et manœuvre le râteau ; les tiges de la céréale ne sont pas aussi régulièrement juxtaposées, que lorsque celle-ci est bien debout, et les ouvriers, avant de les prendre dans leurs bras, sont souvent obligés de leur faire subir un petit raccordement qui allonge l'opération. Mais une des causes les plus gênantes et qui entravent le plus la bonne confection des javelles, c'est la présence des plantes grimpantes, telles que le liseron, qui s'entortillent après les céréales avec d'autant plus de puissance que la verse est plus ancienne.

Par suite de cette cause de retard, j'estime que la levée des javelles, dans les céréales versées, même simplement, exigera, par cent gerbes, au moins une demi-heure de travail en plus que dans les céréales droites. De ce fait, une récolte de huit cents gerbes, et versée, sera chargée de quatre heures de travail de plus que si elle était droite.

Ainsi, dans le cas qui nous occupe, la coupe dépense cinq heures de plus et la manutention des javelles en dépense quatre, le produit n'étant cependant pas augmenté en quantité, ce qui donne, en définitive, un accroissement de main-d'œuvre de neuf heures par hectare.

La dépense de soixante-une heures, que nous avons mentionnée plus haut, lorsque la céréale, quoique forte de huit cents gerbes, est restée debout, se monte à soixante-dix heures, ou sept journées, quand cette céréale est versée simplement et quand le détournement et la mise en gerbes se font par deux opérations distinctes, les javelles séjournant quelque temps sur les éteules.

Quand ces deux dernières opérations se confondent, et lorsque les javelles sont serrées tout de suite, la dépense qui n'est que de quarante-une heures pour ces huit cents gerbes dans une céréale droite, se monte à cinquante heures, ou cinq jours, si elle est versée.

Malgré l'accroissement de travail nécessité par les récoltes fortes et versées, comparativement à celui que nous avons trouvé être nécessaire pour les récoltes droites, l'utilité supérieure de la machine apparaît dans ce cas de verse simple de la manière la plus incontestable.

En effet, la faux, maniée par des hommes très-habiles, peut, jusqu'à un certain point, dans les céréales droites, lutter avec elle, pour la quantité de travail produite par homme et par heure. Mais, dans le cas de verse, la faux doit céder ; elle cède même devant la faucille, malgré la lenteur désavantageuse de cette dernière, parce que les pertes qu'elle ferait subir dépasseraient les avantages qu'elle procure. C'est donc en concurrence avec la faucille, que nous allons trouver ici la moissonneuse :

La première, dans une céréale de huit cents gerbes à l'hectare, et simplement versée, ne débitera que soixante-quinze centiares à l'heure ; probablement même, le plus grand nombre des ouvriers ruraux n'arriveront pas à lui faire produire ce chiffre ; admettons-le cependant, et voyons quelle somme de main-d'œuvre absorbera la coupe d'une céréale dans le cas supposé.

A ce compte de soixante-quinze centiares débités par ouvrier et par heure, il faudra, pour abattre seulement un hectare, une somme de cent trente-trois heures de travail. Pour achever ensuite la moisson, et rendre la céréale en état de chargement, il faudra une nouvelle quantité de main-d'œuvre, que nous avons précédemment fixée à quatre heures et demie par cent gerbes, et qui, proportionnée à l'abondance de la céréale, sera, dans le cas présent, de trente-six heures.

Le moissonnage complet de l'hectare dépensera donc, en totalité, cent soixante-neuf heures, ou dix-sept journées en nombre rond.

Que l'on compare, maintenant, cette quantité de main-d'œuvre exigée par la faucille, à celle qu'emploie la machine simple, qui n'absorbe que soixante-dix heures dans sa manière de procéder la plus longue, et dans l'autre n'en exige que cinquante. On trouve, avec la moissonneuse, dans le premier cas, une économie de cent heures ou de dix journées ; et, dans le second, on en trouve une de cent vingt heures, ou de douze journées.

Ces derniers détails méritent, je crois, une sérieuse attention.

Dans une récolte ordinaire, l'avantage procuré par la machine est encore assez limité, parce que les céréales, dans ce cas, n'exigent pas une grande somme de main-d'œuvre, et que, d'ailleurs, on peut employer le procédé expéditif de la faux, qui, en fait de main-d'œuvre, ne laisse à la machine simple qu'une supériorité de trois journées. Mais dans les céréales versées, qui ne se laissent pas travailler par la faux, et consomment, à l'abattage, une énorme quantité de travail ; dans ces denrées, qui sont les plus pressantes à récolter, parce qu'elles sont les plus exposées à la détérioration, la machine alors apporte une économie considérable.

Essayons, maintenant, d'étudier la récolte d'une céréale versée en différents sens.

Il n'est pas possible de déterminer, même approximativement, quelle sera la somme de temps et de main-d'œuvre absorbée dans cette circonstance. On ne peut faire que quelques observations générales qui permettront encore d'assigner aux moissonneuses mécaniques une énorme supériorité sur les anciens instruments, à la condition, toutefois, que le terrain sera très-bien disposé ; car il faut que la pointe du séparateur rase le sol de très-près, et que les couteaux fonctionnent à huit ou dix centimètres seulement de hauteur, dispositions qui ne sont pas praticables sur une surface accidentée.

Si les conditions exigées du côté du sol sont remplies,

il est très-peu de céréales dont la machine ne puisse avoir raison ; mais l'opération peut être longue, tant pour la coupe que pour le javelage. Examinons les principales causes de retard, autres que celles que nous avons déjà fait connaître précédemment.

Les tiges qui sont couchées du côté de la piste, obligent le conducteur à maintenir l'attelage à une plus grande distance du pied de la céréale non encore fauchée, sans quoi ces tiges penchées seraient exposées à être battues par les animaux qui traînent la moissonneuse. La scie ne travaille alors utilement que sur une partie plus ou moins restreinte de sa longueur, du côté de la petite roue. De là, nécessairement, il résulte qu'il faudra, pour couper une superficie donnée, un plus grand nombre de voyages de la machine, et par suite un temps plus prolongé.

Si la céréale est couchée du côté opposé à la piste, ou parallèlement à celle-ci, il faut que le moissonneur, avec son râteau, seconde le mouvement des tiges qui viennent se ranger en javelles sur le tablier de la machine.

Un des agents principaux qui agissent pour amener les céréales à se renverser en arrière sur le tablier, est celui qui, en mécanique, on appelle la force d'inertie.

Cette force développée au moment où la céréale coupée se trouve emportée par le pied sur la machine, est d'autant plus énergique que la vitesse de translation ou de marche est plus grande ; mais, à elle seule, elle ne suffit pas, et, ici, elle suffit moins encore que dans les circonstances régulières. Il est donc important que le concours intelligent de la main de l'homme s'ajoute à cette force aveugle.

Cette besogne qui incombe au moissonneur, est d'autant plus difficile et d'autant plus pénible, que la largeur embrassée dans la coupe est plus grande. Il ne suffit pas, par exemple, que la machine coupe sur un mètre trente centimètres de largeur (1), il faut en outre que l'ouvrier puisse aider les javelles à se former sur cette largeur. La manœuvre qu'il faut opérer, et qui est difficile, en cas de verse irrégulière, le devient d'autant plus que la quantité de céréale emportée par la coupe est plus grande.

En limitant cette dernière à un mètre ; moins encore à quatre-vingts centimètres ; même moins encore, si l'on veut, à soixante centimètres, l'ouvrier râteleur voit alors diminuer la difficulté, et parvient plus aisément à bien ranger les céréales en javelles.

Les lecteurs peuvent bien penser que dans les cas de verse compliqués, les javelles ne sont pas toujours confectionnées avec une bien grande précision ; aussi, les ouvriers chargés de les lever, auront-ils à faire à la main quelques raccordements qui nécessiteront une augmentation de travail en sus de celui qu'exigent des javelles régulières.

Une observation qu'il ne faut pas négliger de faire, c'est que, si, en certains points du champ, la machine est impuissante, et doit renoncer à la coupe, on a toujours la ressource de la faucille. On détache alors du chantier des javeleurs, un ou deux ouvriers qui coupent à la main les parties qui seraient inaccessibles à la moissonneuse, pendant que celle-ci abat le restant de la récolte.

L'essentiel, dans ce cas, pour l'agriculteur, est de savoir diriger son monde.

Malgré les difficultés que présente une récolte irrégu-

(1) Ma moissonneuse porte 1^m,45 de coupe.

lièrement versée, et le retard qu'elles apportent dans l'exécution des travaux, l'emploi de la moissonneuse, à javelage en arrière, me paraît encore dans cette circonstance une ressource très-importante pour l'agriculture.

Ces sortes de récoltes sont inabordables pour la faux ; et la faucille y dépense un temps énorme. Il ne serait pas extraordinaire d'entendre dire qu'un ouvrier, capable d'abattre dans une heure, un are de céréales ordinaires, met deux heures pour abattre sur la même superficie, une céréale forte et irrégulièrement versée.

Quand bien même, dans ce cas, avec la machine, on emploierait à la coupe des céréales et à la levée des javelles, les deux opérations qui ont principalement à supporter le surcroît de la difficulté, quand bien même, dis-je, on emploierait le quadruple de la main-d'œuvre qui est nécessaire dans les cas ordinaires, il resterait encore une distance considérable pour l'économie des bras et la rapidité du travail, entre la faucille et la moissonneuse mécanique.

Nous avons étudié le travail de la moisson, sous le rapport de la quantité d'ouvrage produit suivant les procédés de moissonnage employés. Mais cela ne suffit pas, il faut encore l'envisager sous le rapport de la qualité.

Le procédé qui donne les meilleurs résultats sous le rapport de la qualité, quand on a de bons ouvriers, est encore celui de la faucille ; mais il exige une telle longueur de temps qu'il n'y faut plus songer comme moyen principal de moissonnage.

Un faucilleur coupe à une hauteur de quinze à vingt centimètres au-dessus du sol.

La machine m'a paru devoir être réglée entre douze

et quinze centimètres, dans les circonstances ordinaires, pour faire un bon travail. Réglée plus bas, elle est exposée à effleurer le sol, circonstance dans laquelle les couteaux s'émoussent rapidement.

A ce sujet, je ne partage en aucune façon la sécurité de ceux qui pensent qu'une machine peut impunément raboter le sol et jouer avec les pierres.

Du reste, il est bien entendu, que si la récolte, par suite de verse, demande un règlement pour couper à huit centimètres, il faudra bien s'exposer à l'usure plus rapide des couteaux et les affiler plus souvent.

Ainsi, sous le rapport de la longueur du chaume laissé sur le terrain, la machine n'offre pas grand avantage sur la faucille à main.

Quant à la confection des javelles, elle mérite une attention particulière.

Le corps de la javelle est bien conditionné, les tiges en sont rangées parallèlement en un faisceau présentant leur section sur un même plan, comme si la javelle eût été égalisée à sa base par un couperet. Mais, d'un autre côté, il reste souvent quelque chose à désirer ; du moins, c'est ce qui avait lieu dans notre pratique. Les dernières tiges qui tombent sur le tablier au moment où celui-ci se renverse, ne sont pas toujours alignées avec celles qui constituent la masse de la javelle, et nécessitent une correction qui doit être faite à la main par l'ouvrier au moment même où il lève la céréale. L'importance de cette correction dépend beaucoup de l'habileté de l'ouvrier moissonneur qui, avec la pratique, arrive à acquérir un mouvement de râteau et un coup d'œil, tels que les javelles ne laissent rien ou presque rien à désirer. Peut-être faut-il accuser l'insuffisance de notre expérience si le débit des céréales, par la machine, ne nous a pas toujours paru répondre parfaitement au desideratum des agriculteurs.

Il est un côté de la question qui n'est pas sans intérêt ; c'est celui qui concerne le nombre de javelles fournies dans chaque procédé. On conçoit, en effet, que la levée et la mise en gerbes des céréales sera d'autant plus longue que, sur une surface donnée, et à égale quantité de produits, les javelles seront plus nombreuses et plus faibles en même temps.

Dans le travail de la coupe à la main, les céréales sont disposées en javelles à côté de l'ouvrier moissonneur, au fur et à mesure que celui-ci avance dans sa tâche. Si elles sont claires, les javelles disséminées sur toute la surface du champ sont petites.

Les choses peuvent être bien différentes avec la machine. Celle-ci peut marcher de façon à charger le tablier d'une forte javelle, et comme l'émission de cette dernière dépend de la volonté du moissonneur, celui-ci peut parcourir huit, dix, douze mètres, jusqu'à ce qu'il aura amassé sur la table, une javelle qu'il jugera suffisamment volumineuse pour être déposée.

Si, par exemple, sur un hectare de céréales faibles, le faucilleur forme deux mille javelles, la machine peut n'en former que quinze cents, avec la même quantité de produits, d'où il résulte une diminution de besogne dans la manutention lorsqu'il s'agira de mettres en gerbes.

Si l'on essaie la comparaison de la machine avec la faux, pour la qualité du travail, on trouve encore, en définitive, que la supériorité appartient à la première sur la seconde.

A la vérité, pour la hauteur de coupe, la faux a l'avantage, puisqu'elle fonctionne seulement à quelques centimètres du sol, procurant ainsi au cultivateur une plus grande quantité de paille. Mais, selon moi, cet avantage est d'une médiocre importance, parce que la partie du chaume qui forme le pied de la plante, est celle qui a le moins de valeur. C'est la moins riche en azote, et par conséquent, la moins propre à servir de nourriture aux bestiaux. A cause de son voisinage du sol, c'est aussi la plus exposée aux diverses causes de détérioration, et la moins avantageuse comme litière.

A un autre point de vue, la supériorité du procédé mécanique devient évidente.

Par l'emploi de la faux, munie d'un harnais, comme cela se pratique ordinairement, l'agriculteur est très-exposé à perdre du grain, sur le champ même, par suite de la secousse plus ou moins vive que l'instrument communique à la céréale.

Lorsque l'ouvrier travaille avec négligence, lorsqu'il veut faire beaucoup d'ouvrage, pour peu surtout que la maturation soit avancée, ce triste résultat est fort à craindre.

Avec la machine, les céréales sont traitées doucement. Aussitôt coupées, elles tombent sur le tablier qui les dépose à terre, sans secousse et sans leur faire subir la perte que nous avons signalée dans l'emploi de la faux, attribuant, par là, l'infériorité à celle-ci, pour la qualité du travail, dans la circonstance qui nous occupe.

La comparaison entre les deux systèmes peut être poursuivie à un autre point de vue encore.

Dans tous les procédés de moissonnage quels qu'ils soient, il reste des épis égarés et abandonnés sur le sol ;

mais le procédé de la faux est celui qui en laisse le plus
et qui fait le mieux l'avantage des glaneurs.

Pour bien se rendre compte de la perte en grains
qu'il subit dans une circonstance donnée, qu'un propriétaire circonscrive un mètre carré dans un champ, et qu'il
recherche attentivement jusqu'au dernier grain qu'on
peut trouver sur ce mètre carré ; après avoir réitéré
l'expérience sur plusieurs points, qu'il multiplie ensuite
la perte au mètre carré par le nombre de mètres contenus
dans la superficie de son champ, et s'il opère sur du blé,
il connaîtra sa perte en litres, quand il saura que dans
un litre, il y a de dix à quinze mille grains de blé.

La faux présente encore un autre inconvénient ; celui
d'occasionner dans la confection de la javelle, le place-
ment en sens inverse de quelques tiges de céréales, c'est-
à-dire que des épis sont tournés du côté de la base,
tandis que la tige l'est du côté de la tête, disposition dé-
favorable pour obtenir plus tard un bon battage. Il faut,
en effet, pour égrainer convenablement une céréale, avec
la machine à battre en bout, que l'épi entre le premier
dans les cylindres alimentaires. Même avec les machines
à battre en travers, il est bon que l'alimentation ait lieu,
non pas complétement en travers, mais dans une direc-
tion légèrement oblique, l'épi passant le premier.

Après ces observations, on conçoit que les tiges retour-
nées dans les javelles, ne subissant pas l'action du battage d'une manière aussi satisfaisante ; il en résulte une
nouvelle perte pour l'exploitant, et l'on doit en con-
clure que sur ce point encore, la meilleure qualité de travail est du côté de la machine, parce qu'avec cette dernière
les céréales sont plus régulièrement rangées dans la
javelle.

Après avoir fait ressortir la supériorité des ressources apportées à l'agriculture par les moissonneuses mécaniques, il faut aussi mentionner quelques circonstances dans lesquelles elles ont l'infériorité vis-à-vis des anciens procédés de moissonnage.

Je commencerai par écarter un reproche qu'on fait aux machines à javelage à bras, celui d'occasionner beaucoup de fatigue à l'ouvrier râteleur, quand celui-ci fait tomber sur le sol les céréales accumulées sur le tablier.

Il y a là une erreur provenant de ce qu'on ne se rend pas compte du mécanisme de l'émission de la javelle.

Lorsque celle-ci est formée sur le tablier, qu'il serait plus juste d'appeler une grille, le râteleur, au moyen d'une pédale par laquelle il maintient cette grille levée, la laisse tout à coup s'abaisser sur le sol. Alors, les éteules, coupées à quinze centimètres de hauteur, pénétrant à travers les barres de cette grille et faisant saillie à travers ces barres, portent et retiennent la javelle, tandis que la grille, emportée dans le mouvement de translation de la machine, se retire en glissant de dessous cette javelle qui reste ainsi déposée en arrière. Ce sont les éteules qui remplissent le rôle principal dans cette circonstance, l'homme n'a qu'une légère impulsion à communiquer à la javelle pour aider à son émission.

Abordons maintenant les cas où la machine a réellement l'infériorité.

Il serait presque inutile de faire remarquer qu'un engin qui peut couper un hectare en deux heures et demie, est peu pratique dans les parcelles de faible étendue. La nécessité d'ouvrir une piste autour d'une pièce ne laisserait, dans ce cas, à la machine qu'une médiocre superficie à exploiter, sur laquelle le bénéfice apporté serait compensé par les prix de déplacement.

Ainsi, dans les pays où la propriété est très-morcelée, l'utilité des moissonneuses sera bien moindre que dans les contrées où la terre se trouve en grosses parcelles.

Les pays morcelés à l'excès sont nombreux, et pour cette raison, il est probable que les anciens procédés seront encore pendant longtemps suivis pour la récolte des céréales.

Dans certains cas de verse très-forte, la machine, impuissante, doit céder la place aux instruments à main.

Une circonstance dans laquelle les moissonneuses ont une infériorité notable, c'est lorsqu'à la suite d'une pluie, la terre incomplétement ressuyée, s'attache aux roues, ou bien se mêlant aux herbes qui croissent dans les céréales, pénètre avec elles dans les rainures des doigts à travers lesquels se meuvent les couteaux, quand ces derniers effleurent le sol. Dans ce dernier cas, il y a un surcroît de résistance qui va souvent jusqu'à l'étranglement et l'arrêt complet de la machine.

Depuis l'année 1866, les travaux de la moisson n'ont guère été entravés par les pluies ; on a même été extraordinairement favorisé par la sécheresse en 1869 ; aussi ne faut-il pas encore trop chanter victoire à la suite des succès obtenus l'an dernier.

Si l'année 1869, à l'époque de la moisson, eut ressemblé à l'année 1866, la cause des moissonneuses en eut peut-être beaucoup souffert ; peut-être, au contraire, leur valeur n'aurait-elle été que mieux mise en relief, quand on aurait vu un agriculteur profiter d'un jour de beau temps pour expédier une grande quantité de besogne, et réparer le retard occasionné dans ses travaux par les pluies. L'avenir permettra de se prononcer à cet égard, lorsque les machines auront effectué une moisson rendue difficile par les circonstances météorologiques.

La faux et la faucille sont beaucoup moins sensibles aux influences que je viens de signaler. Elles peuvent travailler alors que l'état humide de la terre ne permettrait pas facilement la marche d'une moissonneuse, et conservent ainsi un mérite que cette dernière n'a pas.

La cause la plus sérieuse d'infériorité pour les machines, est celle qui résulte des accidents auxquels elles sont exposées. On conçoit, en effet, quel retard peut apporter dans le travail une rupture qui ne pourra pas toujours être réparée au village, ou qui, du moins, absorbera plusieurs heures, avant que la machine puisse retourner à son travail. Ces accidents sont particulièrement désagréables dans le cas de javelage en arrière, qui exige un personnel plus ou moins nombreux pour enlever les céréales à mesure qu'elles sont fauchées, personnel qui se trouve subitement sans ouvrage lorsque la coupe est suspendue.

Un moyen de réduire l'inconvénient que je viens de signaler, c'est tout d'abord de bien préparer son terrain, afin d'éviter les accidents ; car ils sont dus, la plupart du temps, à l'irrégularité de la surface à moissonner. On doit ensuite, par précaution, pourvoir son personnel des outils ordinaires de moissonnage, afin que si la moissonneuse mécanique vient à faire défaut, les ouvriers soient au moins tout préparés pour continuer l'ouvrage selon l'ancien système.

Il ne faut cependant pas s'exagérer le danger des fractures, quand la machine est bien conduite.

Comme exemple, je citerai M. Pierron qui, sur

quarante-six hectares fauchés, n'a eu, pour tout accident, que deux fois l'aiguille du séparateur arrachée ; et encore, l'une de ces deux fois, l'accident est arrivé tout à fait par sa faute, au moment où il franchissait une raie profonde. Je ne considère pas comme un accident sérieux une rupture d'un couteau qui se remplace en quelques minutes. C'est chez M. Pierron que j'ai pu trouver la plus grande somme de travail effectué à la machine, avec les ruptures d'organes les moins nombreuses et les moins rares (1).

J'ai, à plusieurs reprises, parlé de la nécessité de donner une bonne préparation au terrain qu'on veut moissonner mécaniquement, en se rapprochant, autant que possible, du système des cultures à plat.

Il y a dans la nécessité de cette préparation, vis-à-vis de la faux, une cause d'infériorité qui retardera longtemps encore l'introduction des moissonneuses dans la pratique générale, à moins que la mécanique trouve un moyen de les adapter à la forme ordinairement billonnée de nos champs.

Plusieurs s'imaginent que pour faire fonctionner une machine sur une terre à surface inégale, comme l'est celle qui est labourée en billons, il suffit de régler le mécanisme à une hauteur telle que les couteaux ne se heurtent contre le sol en aucun endroit, quitte à faucher très-haut sur les parties déprimées de la surface.

S'il en était ainsi, il y a longtemps que les machines auraient pris leur place dans les travaux de la moisson ;

(1) Chez moi rien n'a manqué à la machine dans le courant de la moisson dernière ; mais outre que mon exploitation est très-restreinte, je ne conduis ma moissonneuse que sur les pièces où les billons sont effacés, ou en voie de transformation.

mais le problème n'est pas aussi simple que ces personnes le pensent.

Lorsque la javelle se forme, et lorsqu'une certaine quantité de tiges se trouvent déjà couchées sur le tablier, celles-ci par leurs extrémités inférieures, dirigées en avant, exercent une légère impulsion qui tend à faire fléchir les tiges encore debout devant la machine. Plus ces dernières sont courtes, plus aisément elles s'infléchissent ; plus haut est le point où elles sont atteintes, moins elles présentent de résistance à cette impulsion, et plus facilement elles s'inclinent.

Les céréales peuvent être alors coupées irrégulièrement, et offrir différentes longueurs d'éteules sur le même point. Quelquefois même, des tiges courbées sous l'influence que nous signalons, peuvent passer entièrement sous la machine sans être saisies par elle.

On voit donc que la coupe à une hauteur quelconque, n'est pas encore chose parfaitement résolue.

Il y aurait cependant avantage à posséder une machine pouvant exécuter un bon travail à toutes hauteurs ; car, dans bien des circonstances, le cultivateur consentirait volontiers à sacrifier quinze ou vingt centimètres de paille pour sauvegarder le restant de la récolte. Est-il en retard ? il n'hésitera pas à faire ce léger sacrifice pour éviter une perte bien plus grande encore. L'année est-elle humide ? les herbes qui garnissent le pied de la céréale, en rendent-t-elles la sèche difficile ? il vaut mieux couper un peu plus haut et mettre en sûreté la moisson.

Si la mécanique construisait des moissonneuses pouvant travailler convenablement à toutes hauteurs, elle rendrait un immense service à la cause agricole.

Croit-on ce problème insoluble ?

A ce sujet, je vais rapporter ici un extrait de l'histoire des moissonneuses qu'on peut lire dans le *Dictionnaire des arts et manufactures*, publié à la librairie Lacroix, par M. Ch. Laboulaye :

« Bien des personnes croient que la solution du pro-
« blème de la construction des moissonneuses est d'inven-
« tion récente. L'histoire apprend que les Gaulois em-
« ployèrent longtemps, pour opérer la récolte des blés
« qu'ils cultivaient, une moissonneuse qu'il faut regarder
« comme curieuse pour l'époque où elle fut inventée.
« D'après la description qu'en a donné Pline (1), cette
« machine était montée sur deux roues, et sa partie an-
« térieure, à une hauteur de un mètre environ, était ar-
« mée d'une longue série de petites dents écartées et des-
« tinées à couper les tiges du blé. C'était lorsque cette
« moissonneuse était poussée par un bœuf contre le blé
« encore debout, que les tiges étaient coupées par les
« cisailles. Les épis, après cette opération, tombaient
« dans une caisse placée en arrière des parties tran-
« chantes.

« Cette moissonneuse, très-appréciée dans la Gaule,
« très-commune, au rapport de Palladius (2), dans les
« plaines où la paille n'était pas nécessaire à l'existence
« des animaux domestiques, dut être entièrement aban-
« donnée le jour où l'agriculture reconnut qu'elle devait
« récolter la paille, pour l'employer comme aliment ou
« comme litière. C'est ce qui eut lieu en effet. »

(1) Pline, *le Naturaliste*, a vécu de l'an 23 à l'an 79.
(2) Palladius, agronome, fils du préfet des Gaules, né vers l'an 405.

Machine à javelage à bras, déposant la javelle en arrière et sur le côté.

Les machines les plus simples, dont nous avons précédemment examiné le travail, déposent les javelles en arrière, sur la piste même que doit suivre l'attelage au tour suivant. Il faut, dans ce cas, un personnel plus ou moins nombreux pour les enlever immédiatement, au fur et à mesure qu'elles sont déposées, soit pour les façonner tout de suite en gerbes, soit seulement pour les détourner, et ouvrir ainsi la nouvelle piste.

Il résulte de cet état de choses des pertes de temps, plus ou moins graves, selon que les chantiers sont plus ou moins bien organisés. Si, par exemple, les javeleurs sont en nombre insuffisant, la piste à dégager n'est pas assez promptement ouverte, et la machine est obligée d'attendre. Si, au contraire, un retard survient à la machine, les javeleurs attendent, dans l'inaction, que les faucheurs aient donné un nouveau trait de scie.

Pour obvier à ces inconvénients, des constructeurs se sont ingéniés pour trouver une combinaison qui permit de fonctionner à volonté, soit en déposant simplement la javelle en arrière, soit en la déposant en arrière et sur le côté, au moyen de quelques pièces de rechange qui s'ajoutent ou se substituent facilement les unes aux autres ; de telle façon que, sans le concours d'aucun ouvrier pour détourner la céréale, celle-ci se trouve déposée sur le côté de la piste nouvelle, ce qui permet à la machine de fonctionner sans interruption, avec le concours de deux hommes seulement.

Je n'ai jamais opéré sur ma moissonneuse cette transformation pour m'en servir dans l'usage pratique et régulier, mais seulement pour faire des essais dont voici les résultats :

La coupe, aussi rapide que dans le cas de javelage simple en arrière, peut s'effectuer aussi dans un intervalle de deux heures et demie, avec deux hommes, ce qui donne, pour cette coupe et sur un hectare, un travail de cinq heures.

Quant à la levée des javelles, elle est plus longue que dans le système à javelage en arrière. Cela tient à ce que l'émission des céréales, accumulées sur la grille en fer, est compliquée d'un mouvement de translation latéral qui doit leur être communiqué, en même temps qu'elles glissent à l'arrière de la machine. A cause de cette complication, les javelles, moins correctement formées, demandent plus souvent que dans l'autre système, avant d'être levées pour la mise en gerbes, à être rectifiées à la main. C'est ce supplément de travail qui allonge la durée de l'opération.

La difficulté de bien confectionner la javelle me paraît d'autant plus grande que la céréale est plus forte, et dans le cas de produits abondants à faucher, je doute encore des avantages pratiques de la disposition qui nous occupe, surtout s'il y a de la verse.

Une autre cause de retard, peu importante toutefois, c'est qu'avec les organes javeleurs employés dans cette nouvelle disposition, il n'est pas aussi facile de bien faire une forte javelle, qu'avec les organes simples du javelage en arrière. L'ouvrier râteleur sera donc obligé d'émettre avec la même quantité de céréales un plus grand nombre de javelles, ce qui entraine à une consommation de travail un peu plus grande, lorsqu'il faut les lever pour les serrer.

Du reste, ici, comme en toutes choses, il y a une habitude à acquérir, et je ne puis me flatter de l'avoir acquise, puisque je n'ai procédé qu'à des essais trop peu nombreux ; mais, sous ce rapport, mon aide rural, Jacob, a été plus habile que moi pour saisir le mouvement.

En définitive, je pense que la levée des céréales, dans le cas où elles seraient d'une force ordinaire, et leur mise en trézeaux, doit exiger vingt-cinq heures de travail, qui, avec les cinq heures précédemment employées à la coupe, forment un total de trente heures, pour exprimer le travail consommé par la moisson complète d'un hectare coupé avec une machine à grille en fer mobile, javelant en arrière et sur le côté.

La largeur de piste ouverte à l'attelage, pour le tour suivant, est de un mètre environ. Il n'est donc pas possible d'atteler deux chevaux de front ; ou il faut un très-fort cheval à la limonière, ou deux chevaux marchant l'un devant l'autre.

Je ne dirai qu'un mot des autres transformations que peuvent subir les machines simples. La plupart de ceux qui les ont vues, savent qu'elles peuvent faucher en andains détournés, soit les céréales, soit les prairies artificielles.

Dans les céréales, la besogne qui suit la coupe est longue, parce qu'il faut ramasser les andains, et en former des javelles avant de mettre en gerbes, tandis que dans les systèmes précédents, la javelle est formée en quittant la machine.

Dans les prairies artificielles à faucher comme fourrage, l'usage de la machine est difficile, si le terrain n'est pas très-uni ; car il ne s'agit plus ici de couper à quinze ou vingt centimètres au-dessus du sol, comme cela peut avoir

lieu dans une céréale. L'an dernier, cependant, M. Lhuilier s'en est servi dans de la luzerne, et s'est félicité de la qualité du travail.

Pour la récolte de semence de ces mêmes prairies, le cas est différent ; il n'y a plus alors nécessité de raser le sol de très-près, et les machines peuvent rendre d'excellents services.

Machines à javelage automatique.

Lorsque les machines à javelage automatique ont paru, les moissonneuses simples qui avaient tout d'abord excité une vive admiration, perdirent tout à coup leur prestige, et les premières à leur tour, excitèrent subitement, depuis le haut jusqu'en bas de l'échelle, dans le monde agricole, un enthousiasme incroyable. Aujourd'hui, qu'on peut les juger avec plus de calme, voyons ce que sont ces machines à javelage automatique, quant aux services qu'elles sont appelées à rendre.

Ces machines ont généralement une largeur un peu plus grande que les machines simples ; partant, elles peuvent débiter un peu plus d'ouvrage. Mais où elles trouvent particulièrement leur avantage, c'est qu'elles ne sont pas solidaires d'un chantier d'ouvriers javeleurs chargés de maintenir une piste toujours ouverte et ne sont pas ainsi exposées aux retards qui peuvent atteindre les autres.

Elles peuvent en deux heures faucher un hectare aussi facilement que leurs sœurs plus petites, le font en deux heures et demie. Ce qu'il y a de remarquable, c'est qu'un seul homme suffit, à la rigueur, pour le travail de la coupe.

Quand on pense qu'un seul homme peut, en deux heures, raser une surface d'un hectare, l'imagination est vivement frappée, surtout si l'on porte un instant le regard vers le faucilleur qui dans le même temps, ne débite que deux ares. Le travail le plus pénible de la moisson, celui de la coupe est donc multiplié par cinquante !

Quant au javelage, il a paru à quelques praticiens, être plus long que dans les anciens procédés, parce que la javelle n'est pas si bien façonnée que celle qui est faite à la main. Pour mon compte personnel, je pense que s'il existe une différence, elle n'a qu'une influence très-minime sur la durée du travail de confection des gerbes, parce que, dans le cas d'une céréale ordinaire, les javelles m'ont paru plus fortes, et par suite, moins nombreuses, avec la machine, que dans les cas de moissonnage à la faucille ou à la faux.

A la suite de ces considérations, j'ai cru pouvoir établir que la moisson effectuée à l'aide d'une machine à javelage automatique, absorbe en totalité une somme de travail humain de vingt-cinq heures ; savoir : environ deux heures d'un homme chargé du fauchage, et vingt-trois heures employées à la confection des gerbes et à leur mise en trézeaux.

Pour terminer ce qui est relatif au travail des moissonneuses à javelage automatique, il me reste à appeler l'attention sur certaines questions au sujet desquelles subsistent encore des doutes dans l'esprit des cultivateurs. Je n'essaierai pas de lever ces doutes, mais je m'en ferai plutôt l'organe, provoquant ainsi ceux qui les peuvent lever, à vouloir bien apporter dans cette question le concours de leurs lumières et de leur expérience.

La première chose qu'on se demande est celle-ci : la piste ouverte par la moissonneuse est-elle toujours suffisante pour permettre le passage de deux chevaux de front ? Quelle est la largeur de cette piste, selon la vitesse de marche, et selon la pente du terrain, quand la javelle est jetée vers la côte, ou quand elle l'est vers la vallée ?

L'intelligence du cultivateur a besoin, à cet égard, d'être renseignée par des chiffres exprimant au moins d'une manière approchée, le véritable état des choses. Quand il connaitra ces chiffres, plaçant alors deux chevaux l'un à côté de l'autre, il mesurera la bande de terrain dont ils ont besoin pour passer facilement, sans crainte de fouler la récolte, et s'assurera si ses machines dans tous les cas, peuvent fonctionner avantageusement.

Quand même, dans les cas ordinaires, la moissonneuse ouvrirait une piste suffisante, en est-il pareillement, lorsque les céréales sont versées du côté de la piste (une partie est nécessairement tombée de ce côté quand la verse a lieu dans tous les sens) ; reste-t-il dans cette circonstance une largeur suffisante pour le passage de deux chevaux de front ?

Je signalerai encore comme excitant l'appréhension des praticiens, le poids énorme des grandes machines. Ils craignent que, dans des terres friables, ou légèrement détrempées par des pluies antérieures, les roues ne creusent des ornières qui rendraient la marche difficile. Ils redoutent, dans le cas où la machine vient à s'étrangler, de ne pouvoir reculer aisément ce poids énorme pour dégager ensuite les couteaux.

Une autre question très-sérieuse à examiner, est celle de savoir si les organes de transmission du mouvement ne sont pas très-exposés aux fractures. Si, par exemple, pendant la marche à vide, le conducteur s'avise d'embrayer, les engrenages ont subitement une énorme quantité de mouvement à transmettre. Dans les machines simples, qui se contentent de déposer la javelle sur le sol, il y a l'appareil sécateur à mettre en mouvement ; mais dans les grandes machines, outre l'appareil sécateur, il y a l'appareil javeleur à entrainer. Lorsqu'on embraye pendant la marche, les organes de transmission se trouvant obligés de communiquer dans un temps très-court, un mouvement rapide à une masse assez grande, il en résulte pour ces organes une charge qui, si elle n'amène une rupture immédiate, fatigue au moins les rouages, altère même la constitution du métal et le prédispose à une rupture qui arrivera quelquefois sans cause apparente au moment où l'on s'y attend le moins.

Les trois questions que je viens de poser, relativement à la piste, au poids et au danger de rupture, sont très-sérieuses ; je crois même qu'elles ont, surtout les deux premières, une importance de premier ordre dans l'étude des moissonneuses à javelage automatique.

Résultats financiers de l'application des machines.

Il se produit, en ce moment, dans les sociétés d'agriculture, un phénomène bien remarquable ; on parait s'inquiéter sérieusement de la concurrence que peuvent faire à nos blés les blés américains, particulièrement ceux de l'État de l'Ohio ; on parle même de ceux de Californie. N'est-il pas étonnant que des produits venus de quinze cents lieues et plus, grevés d'un énorme transport, pour arriver jusqu'à nous, et ce qu'il y a de plus frappant, fournis par des contrées où la main-d'œuvre est considérablement plus chère qu'en France, n'est-il pas étonnant, dis-je, que ces produits puissent nous inquiéter.

A la séance du 7 mars, le cercle de Dieuze a entendu un écho de ces inquiétudes. En cela, la discussion est peut-être sortie des limites qui lui étaient assignées par l'ordre du jour ; car c'est de la main-d'œuvre et des moissonneuses qu'il devait être question avant tout. Qu'on me permette maintenant, à propos de l'Amérique, quelques observations sur la main-d'œuvre dans ce pays.

J'ai cité au cercle une lettre d'un ancien fermier de ma famille qui, aujourd'hui, habite justement l'Etat de l'Ohio, et qui écrivait à ses amis de Fribourg, il y a quelques années, en leur indiquant quels sont les salaires pour les divers travaux de la campagne. En 1865, il payait la journée d'un moissonneur deux dollars et demi, soit un prix de douze à treize francs.

Au sujet de la Californie, j'aurais pu citer aussi un chiffre de salaires pour les ouvriers ruraux.

Un de mes amis, M. Admont, le maire actuel de Fribourg, habitait ce pays, il y a dix ans, et m'en a plusieurs fois parlé. Là-bas, un aide rural gagne trois dollars par jour, soit environ quinze francs ; mais cet ouvrier est capable avec une moissonneuse, de couper trois ou quatre hectares dans sa journée, de telle sorte que, dans cette contrée, où les salaires atteignent les chiffres les plus élevés, le travail de la moisson complète coûte, comme je le calcule, à peu près le même prix que celui que j'ai payé à Vergaville, tout près de Dieuze, en 1867 (40 francs par hectare).

Là-bas encore, un autre engin, c'est la batteuse à vapeur qui suit la moissonneuse, et évite les frais de magasinage. L'an dernier, j'ai battu sur le champ même, avec une locomobile, une partie de ma récolte et je m'en suis bien trouvé. Combien ces pays éloignés sont plus avancés que nous dans la voie du progrès !

Ne serait-ce pas ici le cas de méditer cette phrase de Montesquieu. « Les pays ne sont pas cultivés en raison de leur fertilité, mais en raison de leur liberté. »

Supposons qu'un individu se présente à la porte d'une grande usine, telle que celle qui existe à Dieuze, et élève la prétention de vouloir parcourir à sa guise tous les ateliers, et toucher, si bon lui semble, à tous les objets qu'il rencontrera. Croit-on que si l'usage ou les lois permettaient au premier venu de s'introduire ainsi à travers les chantiers de l'industriel, celui-ci n'en serait pas sérieusement entravé dans l'exercice de sa production ? Croit-on qu'il pourrait prospérer ? Non, assurément. L'industriel a besoin d'être maître chez lui ; aussi ne pénètre-t-on pas dans son établissement, avant d'avoir parlementé avec le cerbère vigilant qui en garde l'entrée.

Les champs, qui sont les ateliers du cultivateur, sont-ils respectés à l'égal des ateliers de l'industriel ? Non, certainement, et cependant l'agriculture, par l'importance de ses produits et le nombre de bras qu'elle occupe, est la première des industries.

Existe-t-il, dans l'industrie, une plaie comparable à celle que cause à l'agriculture le vain pâturage, qui enlève au propriétaire la liberté pour la donner au bétail.

On a maintes fois parlé de protéger l'agriculture. Ce n'est pas la protection à l'extérieur, contre les produits étrangers, qu'il importe le plus d'établir ; c'est la protection à l'intérieur qui manque le plus à l'industrie de la terre. Faute de liberté d'action, l'initiative individuelle est empêchée, et l'exploitant du sol ne peut marcher parallèlement à l'industriel dans la voie du progrès.

On a dit que les intelligences, les capitaux et les bras

font défaut à l'agriculture. Cette assertion, fût-elle exacte, ce que je n'admets pas, l'important serait, non de constater que ces éléments font défaut, mais bien de rechercher pourquoi ils manquent.

Ne serait-il plus exact de dire que l'intelligence, sans la liberté d'appliquer ses ressources, est paralysée ; que le capital, cet être qui recherche si attentivement les placements productifs, dédaigne les lieux où il n'espère pas fructuer librement. Quant aux bras, leur sympathie pour le capital les dirige instinctivement vers les lieux où ils croient le rencontrer.

Je me suis permis cette digression, parce qu'en ce moment, où de tous côtés, l'on parle d'enquête, où chacun est invité à fournir le résultat de son observation, l'occasion m'a paru favorable pour émettre et propager une opinion personnelle dans le milieu où je me trouve.

Revenons maintenant à nos moissonneuses

Nous avons déterminé, dans la première partie de cet opuscule, la quantité de main-d'œuvre dépensée pour moissonner un hectare. Connaissant le prix de cette main-d'œuvre dans chaque localité, il est facile de trouver ce qu'elle coûte pour une superficie donnée. Si, par exemple, on la fixe à trente-cinq centimes, en moyenne, par heure de travail effectif, comme il faut vingt-cinq heures avec la machine à javelage automatique, pour traiter complétement la moisson d'un hectare de céréale ordinaire, ces vingt-cinq heures à trente-cinq centimes coûteront huit francs soixante-quinze centimes (8,75).

Si l'on considère le travail avec la machine simple qui, selon la manutention qu'on donne aux javelles, exige vingt-huit ou quarante heures, c'est-à-dire en moyenne trente-quatre heures de main-d'œuvre, on trouve encore

que celle-ci, estimée à trente-cinq centimes, coûte selon
l'un ou l'autre cas, neuf francs quatre-vingt centimes
(9^r,80) ou quatorze francs (14^r); c'est-à-dire en moyenne,
onze francs quatre-vingt-dix centimes (11^r,90) par hectare.

Un autre élément dont il faut déterminer le prix, c'est
celui de la traction des machines.

La machine simple, pour couper un hectare de céréale
ordinaire, en deux heures et demie, demande deux chevaux, qui, à trente-cinq centimes par cheval et par heure,
coûtent ensemble la somme de un franc soixante-quinze
centimes (1^r,75).

La machine à javelage automatique demande trois chevaux pendant deux heures de travail effectif, ce qui d'après la même estimation que ci-dessus, porte le prix de
traction à deux francs dix centimes par hectare (2^r,10).

Sous le rapport financier, un côté qu'il ne faut pas
perdre de vue, c'est celui qui grève le travail de la moisson, de l'intérêt, des réparations et de l'amortissement
de la machine.

Pour discuter cette question, nous supposerons en
chiffres ronds, sans désigner la fabrication d'aucun constructeur en particulier, que les moissonneuses simples
coûtent cinq cents francs (500^r) et que les moissonneuses
à javelage automatique en coûtent neuf cents (900^r). Nous
supposerons en outre, que le cultivateur a quarante hectares à récolter à la machine, après l'ouverture des chemins de ceinture qui sont nécessaires autour de chaque
pièce, pour donner le premier trait de scie.

L'intérêt à 5 p. 0/0 l'an, est de 25 fr. dans le premier
cas, et de 45 fr. dans le second.

Quant aux frais accidentels de réparation, ils peuvent

varier dans des limites très-étendues, selon l'habileté et l'attention des conducteurs, et surtout encore, selon les soins qu'on aura apportés dans la disposition du sol. Établissons-les, au moins provisoirement, à 5 p. 0/0 du capital engagé, ce qui, avec l'intérêt, grève annuellement la moisson d'une somme de 10 p. 0/0 du capital.

Une autre question non moins intéressante, c'est celle de la durée des machines. Le prix de ces dernières, en effet, doit être réparti entre le nombre d'années pendant lesquelles elles peuvent fonctionner. Si la moissonneuse dure dix ans, la moisson est chargée annuellement du dixième du prix d'achat, de sorte qu'une machine de cinq cents francs chargera chaque moisson d'une somme de cinquante francs, et une machine de neuf cents la grévera de quatre-vingt-dix francs d'amortissement.

On voit, par l'exposé ci-dessus, qu'en tenant compte de l'intérêt à 5 p. 0/0, des réparations comptées aussi à 5 p. 0/0, et de l'amortissement calculé à 10 p. 0/0, une récolte de quarante hectares devra payer environ le cinquième, ou 20 p. 0/0 du coût de la moissonneuse. Pour les moissonneuses simples, cette charge du cinquième sera de cent francs, et pour les moissonneuses à javelage automatique, elle sera de cent quatre-vingts francs.

Si nous répartissons maintenant ces dernières sommes entre les quarante hectares moissonnés, nous trouvons chacun d'eux grévés d'une somme de deux francs cinquante centimes ($2^f,50$), dans le premier cas, et d'une somme de quatre francs cinquante centimes ($4^f,50$) dans le second.

Résumons en dernier lieu le prix de revient de la moisson complète d'un hectare de céréales ordinaires rendues en trézeaux et en état de chargement. Il est bien entendu que chacun modifiera les chiffres selon les circonstances dans lesquelles il opère :

Machine simple à javelage en arrière, 1er cas, 28 heures de main-d'œuvre à 0^f,35. . . . . .   9^f,80

2 chevaux pendant 2 h. 1/2 à 0^f,35 par cheval et par heure. . . . .   1 ,75

Frais généraux : intérêt, réparations, amortissement . . . .   2 ,50

Ajoutons un imprévu de 10 p. 0/0 des frais ci-dessus . . . .   1 ,40

Total des frais. . . . .   15^f,45

Machine simple à javelage en arrière, 2e cas, 40 heures de main-d'œuvre à 0^f,35. . . . . . .   14 ,00

2 chevaux pendant 2 h. 1/2 à 0^f,35 par cheval et par heure. . . . .   1 ,75

Frais généraux : intérêt, réparations, amortissement . . . .   2 ,50

Ajoutons un imprévu de 10 p. 0/0 des frais ci-dessus . . . .   1 ,85

Total des frais . . . .   20^f,10

La moyenne du prix, dans ces deux premiers cas, est de 17^f,80.

Machine à javelage automatique , 25 heures de main-d'œuvre à 0^f,35. . . . .   8 ,75

3 chevaux pendant 2 heures à 0^f,35 par cheval et par heure . . . . , ...   2 ,10

Frais généraux : intérêt, réparations, amortissement . . . .   4 ,50

Ajoutons un imprévu de 10 p. 0/0 des frais ci-dessus . . . .   1 ,55

Total des frais . . . .   16^f,90

D'après les chiffres adoptés ci-dessus, le prix de revient du moissonnage, avec une machine à javelage automatique, est de peu inférieur à celui que fournit une machine simple à javelage en arrière. Mais il est facile de remarquer que si le prix de la main-d'œuvre était plus élevé, la différence en faveur de la première serait accrue, parce qu'elle exige une moindre quantité de travail.

Ainsi, les machines simples, consomment plus de main-d'œuvre ; mais les autres, par leur prix plus élevé, grèvent la moisson de frais généraux, tels que intérêts et amortissements plus considérables, qui compensent en partie, sous le rapport financier, l'excédant de travail. Peut-être même, les premières ont-elles l'avantage, sous ce rapport, lorsqu'on place les javelles sur liens, en même temps qu'on les détourne.

La mécanique a résolu d'une manière assez satisfaisante, en ce qui la concerne, la première partie du problème du moissonnage mécanique ; c'est maintenant à l'agriculture à résoudre la seconde partie, en donnant au sol une préparation convenable.

AD. VALLET.

Imprimerie Polytechnique de E. LACROIX, à St-Nicolas-de-Port (Meurthe).

ANNALES

DU

GÉNIE CIVIL

ET RECUEIL DE MÉMOIRES

Sur les Mathématiques pures et appliquées
les Ponts et Chaussées, — les Routes et Chemins de fer
les Constructions et la Navigation maritime et fluviale
les Mines, — l'Architecture, — la Métallurgie, — la Chimie
la Physique, — les Arts mécaniques
l'Économie industrielle, — le Génie rural

REVUE DESCRIPTIVE DE L'INDUSTRIE FRANÇAISE ET ÉTRANGÈRE

PUBLIÉES PAR UNE RÉUNION

D'INGÉNIEURS, D'ARCHITECTES, DE PROFESSEURS ET D'ANCIENS ÉLÈVES
DE L'ÉCOLE CENTRALE ET DES ÉCOLES D'ARTS ET MÉTIERS

Avec le concours

D'INGÉNIEURS ET DE SAVANTS ÉTRANGERS

Eugène LACROIX

Membre de la Société industrielle de Mulhouse, de la Société des ingénieurs de
de l'Institut royal des ingénieurs de Hollande, etc., etc.

Directeur de la Publication

Cette revue mérite une mention toute spéciale; son premier numéro a
été publié le 1er janvier 1862; elle a ensuite continué de paraître sans
interruption et mensuellement jusqu'à cette époque.

Elle commence donc sa neuvième année, et ce sont tous ses rédac-
teurs réunis qui ont su sans aucun appui officiel et sans le secours d'une
publicité intéressée, faire un rapport consciencieux sur l'exposition.
Ce travail remarquable sera probablement le seul souvenir recommandable
qui nous restera de la grande exhibition de 1867. Une table générale des
matières de cette œuvre remarquable comprenant également et par ordre
méthodique tous les articles publiés dans les *Annales du Génie civil*, de
1862 à 1869 inclus, est distribuée à la librairie Lacroix.

Le prix de la collection des *Annales du Génie civil*, y compris le sup-
plément pour les années 1867 et 1868 ou *Études sur l'Exposition de 1867*,
le tout formant 16 volumes et 10 atlas, est de
Sans le supplément,
Le supplément seul,
Abonnement à l'année courante, France et Algérie,
Etranger, 25 fr.; pays d'outre-mer,
Chaque année écoulée prise isolément, 25 fr.; étranger,

Imprimerie Polytechnique de E. LACROIX, à Saint-Nicolas-de-Port (Meurthe)

www.ingramcontent.com/pod-product-compliance
Ingram Content Group UK Ltd.
Pitfield, Milton Keynes, MK11 3LW, UK
UKHW031807170726
13836UKWH00003B/1237